手绘攻略

景观建筑手绘写生表现

叶茂乐　周艺川　易成海　编著

中国建筑工业出版社

图书在版编目（CIP）数据

手绘攻略 景观建筑手绘写生表现/叶茂乐，周艺川，易成海编著. —北京：中国建筑工业出版社，2015.5

ISBN 978-7-112-17993-0

Ⅰ.①手… Ⅱ.①叶…②周…③易… Ⅲ.①景观设计—建筑制图—绘画技法 Ⅳ.①TU986.2

中国版本图书馆CIP数据核字（2015）第064804号

责任编辑：唐 旭 焦 斐
责任校对：李欣慰 赵 颖

手绘攻略 景观建筑手绘写生表现
叶茂乐 周艺川 易成海 编著
*
中国建筑工业出版社出版、发行（北京西郊百万庄）
各地新华书店、建筑书店经销
北京嘉泰利德公司制版
北京顺诚彩色印刷有限公司印刷
*
开本：889×1194毫米 1/20 印张：8 字数：166千字
2015年9月第一版 2015年9月第一次印刷
定价：**48.00**元
ISBN 978-7-112-17993-0
（27188）

序

对于建筑规划景观这样的设计专业来说，手绘写生是我们与世界进行技能性对话的最具有生命意识的途径，是个体自我觉醒最鲜活的表达。它不仅可以让我们掌握设计专业的表现基础和方法，而且可以让我们正确地观察世界、深刻地体验感悟世界，提高我们的生命意识和创造力。在电脑表现泛滥、专业效果图公司林立的今天，手绘日益彰显其独特价值。

本书是三位在手绘领域执着探索的年轻设计师多年实践与思考的荟萃。与一般的手绘写生书籍不同，本书是从三位作者的经历入手，将他们的学习、成长过程中的手绘写生作品总结归纳，用笔触的形式来叙述他们对建筑城市与景观的理解以及对自身成长的感悟。无论对于初学者还是资深设计师都有一种息息相关、感同身受的体验。

本书的表现方法和内容很丰富。表现方法有钢笔表现、马克笔表现、彩铅表现及水彩表现，不同工具各具特色。表现内容分两部分：第一部分是国外城市景观建筑写生，重点在意大利、法国几个世界文化名城，异域大观尽收眼底；第二部分是国内城市建筑景观写生，重点在安徽徽派建筑、云南景观建筑、福建土楼民居和鼓浪屿建筑等写生表现，乡土风情跃然纸上。

本书根据作品的旨趣不同，分为“形”、“理”、“意”三大模块，形成多样性与开放性有机结合的体系，读者可以根据自己的兴趣选择不同的内容进行学习和借鉴。

“形”即注重对建筑形体严谨的把握和细节的刻画，是手绘入门的基础；

"理"即注重笔法的工整干净和图面的布局与条理，是手绘提高的途径；

"意"即注重作品的主题展现和作者情怀的淋漓尽致的挥洒，是手绘的更高境界追求。

城市景观建筑的手绘写生是一项长期积累的能力，不可能一蹴而就。它将伴随着你对专业、对城市乃至对生活本身的逐步深入理解而不断成长。手绘把知识与技能融为一体，是提高专业素质、提高创新能力的永恒动力之一，祝你早日与手绘写生成为好朋友。

刘塨
国立华侨大学副校长
原建筑学院院长
2015 年 2 月

目录 CONTENTS

1 国外城市写生表现 1–52

2 国内城市写生表现 53–154

叶茂乐

现任职于厦门大学嘉庚学院景观建筑教研室
研究生毕业于天津大学建筑学院，先后出国考察写生调研过意大利、澳大利亚、柬埔寨、埃及、韩国、荷兰、比利时、法国等。
曾获得 2012 中国建筑艺术『青年设计师奖』最佳指导老师
第九届中国环境艺术学年奖优秀指导老师
全球华人精英手绘创意大赛　最佳指导教师
出版书籍《手绘攻略　室内设计与园林景观手绘表现》

SHAPE

1

FOREIGN CITY PAINTING
国外城市写生表现

边 走 边 画

WALKING AND PAINTING

履·记

那一年我们选择设计，
那一年我们邂逅厦门。
那一年，我们梦想成为一名优秀的设计师。

于是我们于雾中宿、于云端寻，
迷茫惶恐的奔跑之后，却发现掌中的感觉只若风与流沙，
稍纵即逝。

回首时发现梦想恰如那阑珊灯火，
不是跟寻，不是狂奔，而恰是相遇。
放慢脚步，细细品味，它才会在那一头莞尔等待。

相遇的行程是旅途，是修行，是画染。
我们走上旅途，画出世界，描绘沿途的景色，
渴望在与梦想相遇的那一刻，呈上旅途中的点点滴滴。

从鼓浪屿到丽江，
从丽江到宏村，
从宏村到日月潭，
从日月潭到吴哥窟，
从柬埔寨到佛罗伦萨，
从佛罗伦萨再到开罗……

万水千山于掌中铺开，
内心原始的渴望伴着青春与梦想在每一段风景中打开幽暗的枷锁，
明媚俊朗。

当我们为沿途的点滴驻足，
当我们以手中的画笔为匙，
当我们品尝旅途的回甘：
那是悠然于鼓浪屿日光岩顶峰的谈笑风生，
那是感动于卓然的设计作品的热泪，
那是知晓手绘平凡世界的不易与艰辛。

在平凡而又旖旎的旅途中，
我们学会用手绘记录所见所闻，用手绘捕捉灵感瞬间。
或许这与梦想相遇的旅途还不曾被关注，
但我们依然一直践行着我们的信念——边走边画！

叶茂乐
2014 年 8 月

吴哥窟

ANGKOR WAT

柬埔寨的热带丛林深处，隐藏着一群神秘的古老寺庙，它们被称为吴哥窟。吴哥窟在吴哥王朝崩溃后被埋没在荒野中400多年，让全世界都遗忘了它的存在。直到1860年，法国博物学家欧姆在密林中探索时发现了它们，吴哥窟才得以重见天日。

但是人们很快发现。熬过历史沧桑和战火摧残的吴哥窟，正卷入另一场可怕的纠缠之中。许多寺庙，都被古树缠绕着，巨大的热带树木，把寺庙挤压得塌成一堆堆石块。为了保护这些珍贵的世界遗产，许多国家都派出文物修复专家抢救吴哥窟，但是树木与建筑既相互依存又相互威胁的现状，让这些想保护吴哥窟的人们感到棘手：如果清理掉建筑中的树木，寺庙就会倒塌。

文物专家们没有办法改变这些寺庙的现状而只能修剪一下这些树木，但有一点是肯定的，无论人类怎么做，吴哥窟终会倒下，它们的位置将会被树木取代。无法改变的残酷现实，让对这艺术瑰宝心醉的人心碎。

如果将时光倒退到一千多年前，我们将会看到另一番毕生难忘的画面，这里没有建筑，因为这里是最大的一片热带雨林。各种树木葱茏茂密，生机勃勃，竞相生长，构成这一片宁静而和谐的绝色王国。直到有一天，人类的祖先出现在这里，他们用刀斧、用火蛮横地将一棵棵大树砍倒烧死。最后一片片森林被烧成灰烬，夷为平地，然后许多巨石从别处运来，在上百年的时间里，一座又一座的寺庙在森林的心脏挺起，最终奇迹产生了。

吴　哥　窟　ANGKOR WAT（线稿 1）

吴 哥 窟 ANGKOR WAT(淡彩1)

吴 哥 窟 ANGKOR WAT(线稿2)

吴　哥　窟　ANGKOR WAT（淡彩 2）

吴 哥 窟 ANGKOR WAT（线稿3）

吴 哥 窟 ANGKOR WAT(线稿 4)

SYDNEY
悉尼

悉尼建在澳洲东海岸边一片高高低低的山丘上，纵横开阖的公路网也随着高高低低的城市向四面八方分布，汽车从高处向低处行驶，满眼是葱翠的树木和掩映在树木间的楼群，从低处向高处行驶，看见的是辽阔深邃的蓝天和幽幽的白云。

1770 年，英国船长 James Cook 来到今日称为悉尼的海岸。1788 年，Arth · Phileip 押解一批囚徒来到杰克逊港建立了澳洲第一个流放地。他以当时英国内政大臣汤马斯·汤森·悉尼的名字命名该地，从此有了悉尼。

城市中心有林立的高楼、开阔的广场、幽兰的海湾，而围绕中心区放射出去的社区就很少有高楼了。澳洲全国约两千二百万人，大约有 1/5 的人口住在这座城市里。

提起悉尼，一般人最为称道的就是那座建立在海边的歌剧院和它身边的港湾大桥。
的确，悉尼歌剧院那既似贝壳又如风帆的建筑立在湛蓝的海岸给人以极大的美感享受和浪漫的联想，那跨海而立的港湾大桥的宏伟气势也为澳大利亚平添一股伟大坚强国家的气势。那是澳大利亚的名片，那是澳大利亚的标志，那是澳大利亚的骄傲。

悉尼歌剧院　SYDNEY OPERA HOUSE（线稿）

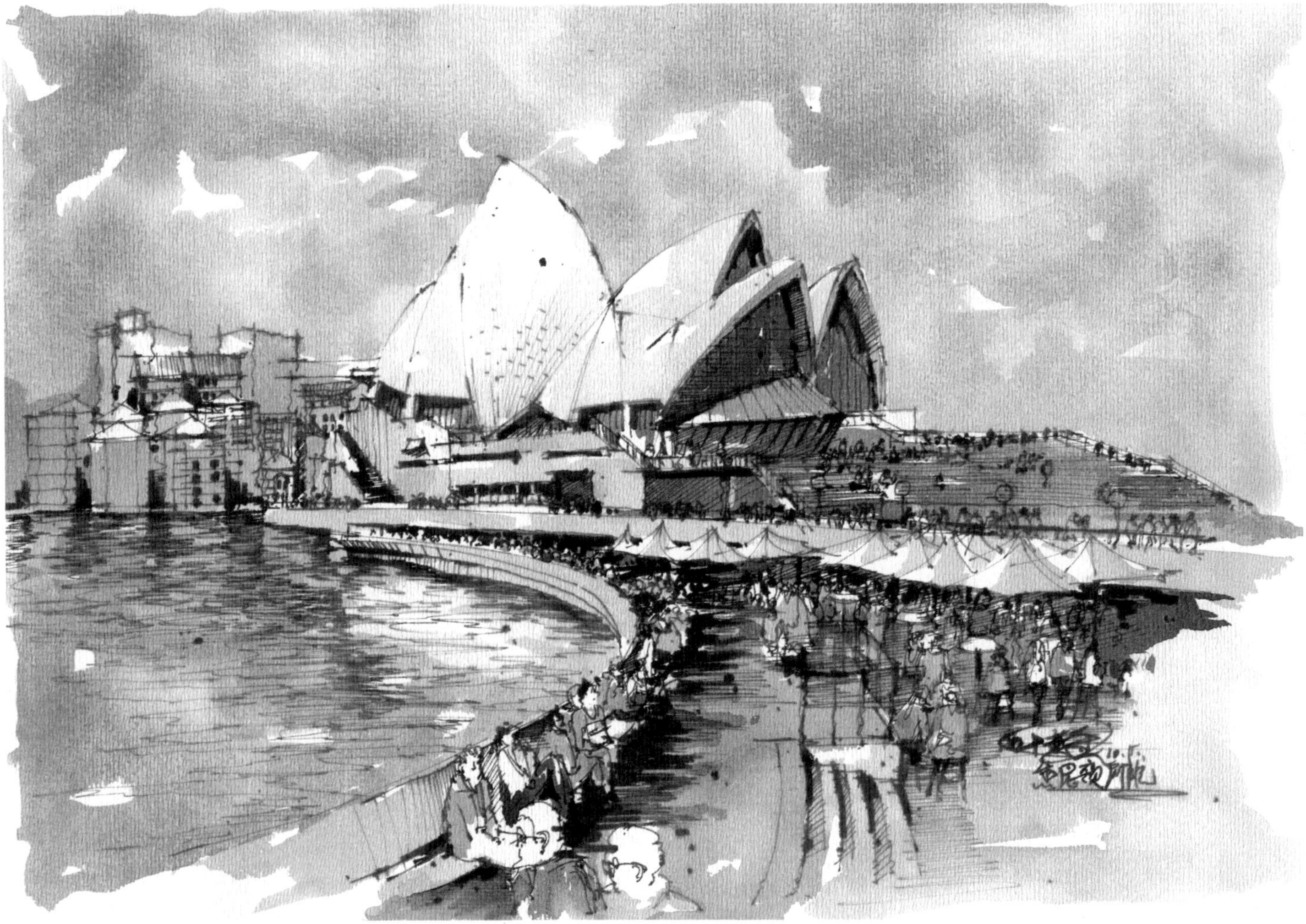

悉尼歌剧院　SYDNEY OPERA HOUSE（淡彩）

悉尼郊区喷水洞　SYDNEY SUBURBAN WATER JET HOLE

ROME
罗马

一个古老而富有的文化名城，一个让人们向往的旅游胜地——罗马，在这里，当你面对这些将近两千年前的历史遗迹，就仿佛回到久远的年代，与先人们共享古罗马的繁华，感受王公贵族的疯狂和奴隶们血与沙的凄惨悲凉，这里曾经是繁华和苦难并存，享乐和摧残共生，这些都那么强烈地集中于一体，共同构成了这座古老城市留给世人的不朽财富。

罗马是意大利的首都，也是意大利最大的城市和政治、文化、经济中心，也是交通的中心。罗马是世界著名的文化历史名城，古罗马帝国的发祥地，因建城历史悠久被称为『永恒之城』。罗马位于意大利半岛中西部，苔伯河下游的七座小山丘上，市中心有1200多平方公里。罗马是世界天主教会的中心，有700多座教堂和修道院，7所天主教大学。梵蒂冈是天主教皇和教廷的驻地。罗马和佛罗伦萨同为意大利文艺复兴的中心，1980年罗马的城区被列为世界文化遗产。

也许有不少人跟随经典电影《罗马假日》女主角安妮公主的脚步，怀着浪漫的情愫来到这座千年古城。当电影里出现过的西班牙广场、破船喷泉、罗马竞技场、真理之口等一个又一个罗马象征、罗马著名景点如此真实地展现在眼前时，才会进一步感受到来自属于罗马独一无二的大城市魅力。漫步在罗马街头，脚下踏着的是斑驳石板路，双眼触及之处动辄是千年历史的古建筑：圣彼得大教堂和圣彼得广场、万神殿、君士坦丁凯旋门、古罗马广场……千年的古建筑静静地矗立着，但迎面而来的磅礴气势依然动人心魄，让人为之屏息，为之震撼，这就是罗马古城吸引着数以万计游客流连忘返的魅力所在吧。

古罗马斗兽场　ANCIENT ROMAN COLOSSEUM（线稿）

古罗马斗兽场　ANCIENT ROMAN COLOSSEUM（淡彩）

罗马西班牙台阶　THE SPANISH STEPS IN ROME

梵蒂冈圣彼得广场　VATICAN ST. PETER'S SQUARE（线稿）

梵蒂冈圣彼得广场　VATICAN ST. PETER'S SQUARE（淡彩）

VENICE 威尼斯

初到威尼斯，我们就被她独特的景观和独一无二的水上交通网络布局所折服。当我们乘坐威尼斯特有的交通工具，威尼斯人称之为『贡多拉』穿行于水城街道之间，欣赏『街道』两旁古老的建筑，听着手风琴奏出的优美乐曲，那种惬意、浪漫的感觉便油然而生。听导游介绍，这座美丽绝伦的古城大约有100多座教堂，还有120多座钟楼，数十座修道院，几十座华丽的宫殿，闻名于世的圣马可广场和它高高的塔楼，就屹立在总督府附近。圣马可广场长约170米，宽60米，总面积约1万平方米，这里人流如潮，广场上有数不清的鸽子飞起飞落，游人和它们和平共处。圣马可大教堂有许多美妙绝伦的壁画和雕像，每天吸引了无数游客，广场上经常排着长长的人龙。

威尼斯实际上是一个建在离陆地4公里左右的群岛上，城市建筑之间靠100多条水道和400余座桥梁连接。建筑物都以橡树作基桩。威尼斯大约有10万人口，面积只有不到7平方公里，但建城历史悠久，威尼斯古城大约建于452年，14世纪前后，这里已经发展成为意大利最繁忙的港口城市，被誉为整个地中海最著名的集商业、贸易、旅游于一身的水上都市。大文豪莎士比亚的文学巨著《威尼斯商人》就是发生在这里的故事，几个世纪以来，《威尼斯商人》不断被后人搬上电影、电视，以话剧、歌剧等形式流传于世。

坐贡多拉在水城间穿行，我喜欢这个看似陈旧，但实际上美丽幽雅的水城，这是真正的世界第一的水城。窗前墙上的清淡、安宁和质朴都让我感觉亲切。许多的墙，被水浸泡着，颜色褪了，墙皮掉了，但更多了独特的深沉与韵味，写出了非人工的色彩与沧桑。也显示了威尼斯人生活的恬静和艺术感觉。这就是威尼斯的情调，这就是威尼斯的真实。

当夕阳开始洒向圣马可广场的时候，咖啡店传来了优美的音乐，一时间我竟迷失了，思绪漫无边际的伸展：蓝色的山脉、宁静的湖水、欢快的河流、深沉的大海、橡树丛生的平原、一望无际的草地；柔美的月色和纯洁无暇的曙光。空气中散发着芳香，回荡着天籁般的声音……

威 尼 斯 VENICE（线稿）

威 尼 斯 VENICE（淡彩）

威尼斯圣马可广场　PIAZZA SAN MARCO IN VENICE

威尼斯雷雅托桥　RIALTO BRIDGE IN VENICE

威尼斯街景　STREET IN VENICE

FLORENCE 佛罗伦萨

佛罗伦萨是一个颇具绅士格调的城市，充满和谐与优美的氛围。城里街道大部分是窄窄的石板路，干净整洁。两旁一栋栋三五层高的房子都包裹在淡黄色的外墙和浅红色的小斜顶里，风格统一，紧挨在一起。市内街道到处是敞着门出售金、银器和珠宝的店铺，商店的橱窗里展示着高级皮服、时装、真丝领带和木框镶嵌的古建筑印刷品。街上游人步履悠然，沐浴在亚平宁半岛灿烂的阳光之下，城市自然而然地散发出一种优雅的气质。数不清的大小教堂、博物馆、美术馆在夕阳下闪着金光，增添了这座神奇都市的独特风韵。如果说罗马古典大气，佛罗伦萨则精致到了极点。

作为意大利文艺复兴的摇篮，建于14世纪的佛罗伦萨完整地保留至今，这里有太多的古典建筑和艺术作品值得拜谒。街道两边高大茂密的梧桐树在风中沙沙作响，金黄的落叶像闪光的彩绸铺满林荫道，空气中弥漫着丁香花的清香，满眼风情万种。古色古香的雕塑和建筑，显得格外典雅，充满了梦幻、神奇。佛罗伦萨有40多个博物馆、美术馆，60多座宫殿和数不清的大小教堂、广场，以及收藏于其中的大量的文物和艺术精品，整个城市都堪称是那个伟大时代留给现代人独一无二的标本，每天吸引着四面八方的艺术圣徒们来这里顶礼膜拜和参观学习。我瞬间爱上了这个城市，被她的气质所迷，就算这里一个大师也没有，我还是会被她轻易俘获。

佛罗伦萨百花圣母大教堂　BASILICA DI SANTA MARIA DEL FIORE IN FLORENCE（线稿）

佛罗伦萨百花圣母大教堂　BASILICA DI SANTA MARIA DEL FIORE IN FLORENCE（淡彩）

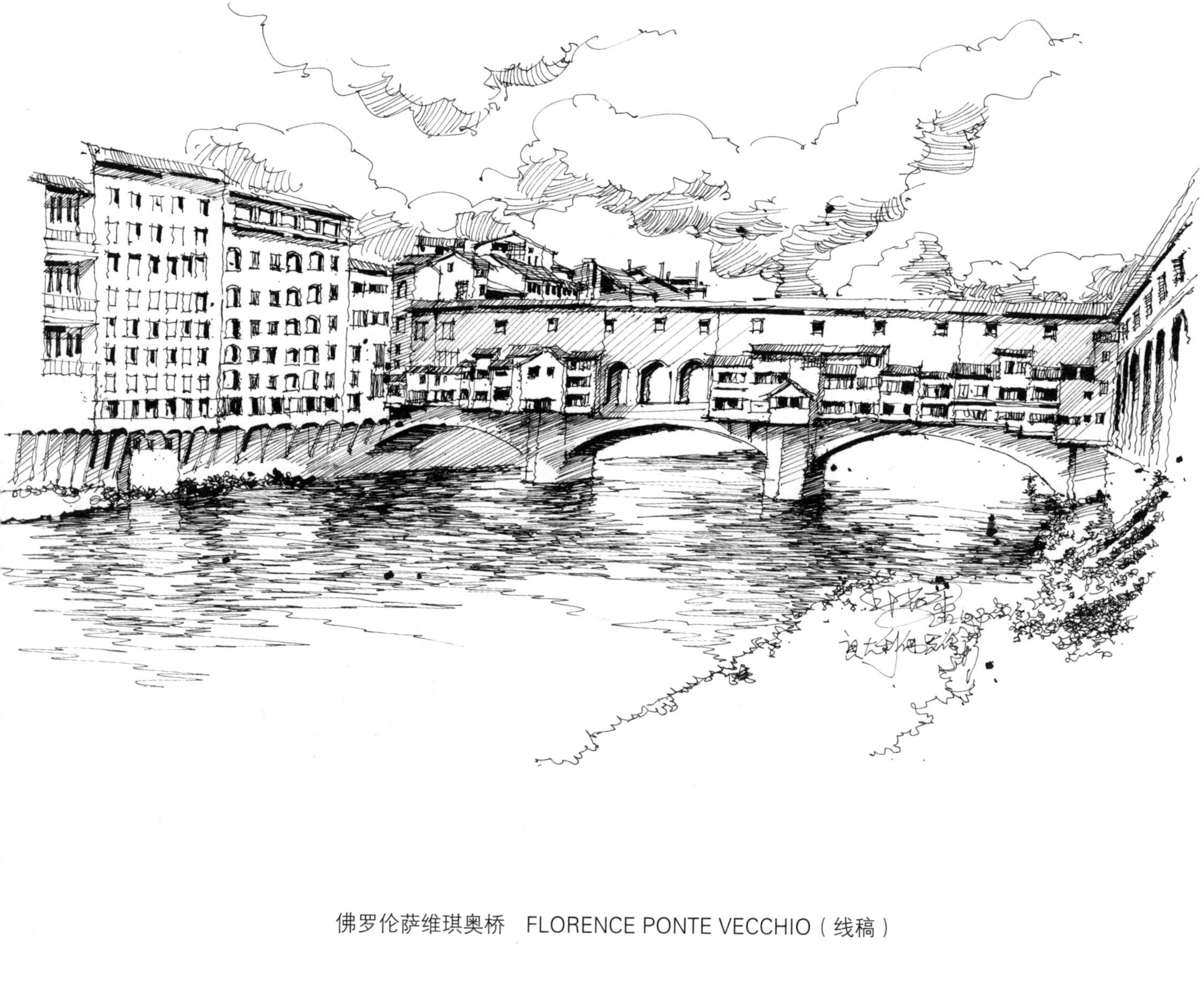

佛罗伦萨维琪奥桥　FLORENCE PONTE VECCHIO（线稿）

佛罗伦萨维琪奥桥　FLORENCE PONTE VECCHIO（淡彩）

佛罗伦萨街景　FLORENCE STREET（1）

佛罗伦萨街景　FLORENCE STREET（2 线稿）

佛罗伦萨街景　FLORENCE STREET（2 淡彩）

MILAN 米兰

米兰拥有世界半数以上的著名品牌，世界所有著名时装在此设立机构，是半数以上时装大牌的总部所在地，是世界五大时尚之都之首，著名的历史文化名城，这里是全球设计师向往的地方。

伟大的达·芬奇留下了最为辉煌的作品，如同一团白色火焰的米兰大教堂直耸云霄，斯卡拉大剧院代表着世界歌剧之巅，城市中心著名的用大理石雕刻成的Duomo di milano 米兰大教堂，建于1386–1805年间，是世界上最大的哥特式建筑和世界第二大教堂，拿破仑曾在此举行加冕典礼。

米兰大教堂　MILAN CATHEDRAL

米兰街景 MILAN STREET

阿姆斯特丹 AMSTERDAM

荷兰是一个开放的国度，吸食大麻、红灯区、安乐死、同性结婚合法等，看似另类却透露出荷兰人对待生活的态度。

游走在阿姆斯特丹街上我不时会想起梵高，那割耳的瞬间，那夜晚的星空、那空旷的麦田、那涂鸦似的向日葵，那充满挣扎却又对未来无限遐思的眼神！

一切终将过去，痛苦之后一切变得那么坦然，轻轻扬起嘴角，面对湛蓝的天空和海，没理由不乐观面对生活。

阿姆斯特丹水坝广场　AMSTERDAM DAM SQUARE（线稿）

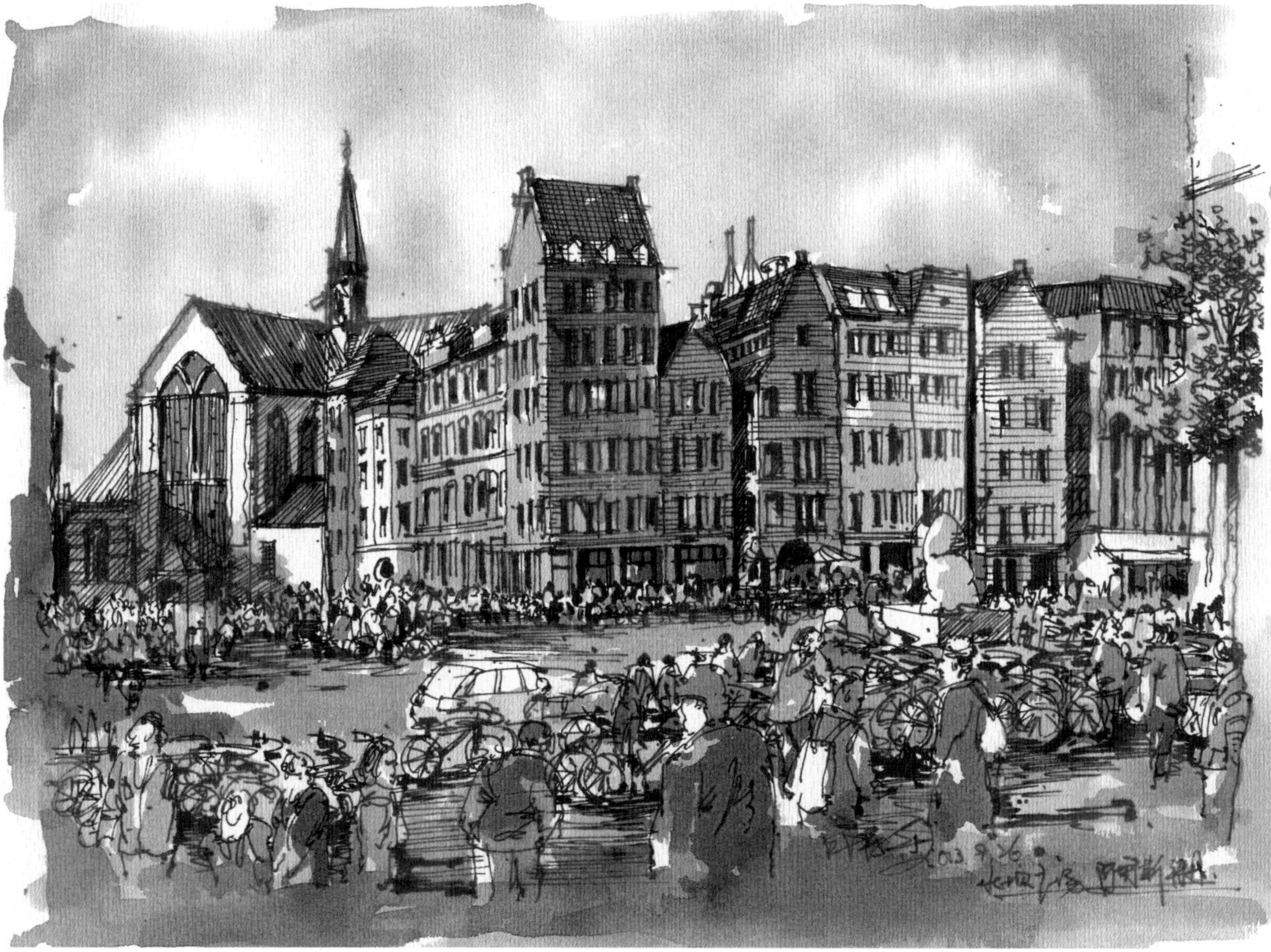

阿姆斯特丹水坝广场　AMSTERDAM DAM SQUARE（淡彩）

PARIS 巴黎

爱上巴黎，需要一天的时间。

要一天的时间，迎着清晨阳光，走出地铁站的阴霾。要一天的时间，从塞纳河繁华的右岸，走到风情的左岸；从一字排开卢浮宫、凯旋门、香榭丽舍街的高昂着头颅的右岸，走到萨特、海明威、毕加索的混合着雪茄与伏特加味道的迷幻的左岸……

要一天的时间，去巴黎之心——位于塞纳河之中的小岛西岱。在巴黎圣母院竖着神秘穿衣镜的后花园，享用一顿简单清爽的早餐。看推着婴儿车的法国母亲，教刚会走路的小姑娘，跟学生乐队的节奏，踮着小脚转圈。看智力障碍的法国少年，随着音乐奔跑欢呼，仿佛这个世界只有音乐的明媚和时常被我们遗忘的，简单的快乐。

要一天的时间，去蓬皮杜感受一种疯狂地渴望打碎一切、渴望挣脱逃离、又渴望塑造自我创造新生的张力。用一天的时间，在无忧宫视野开阔的广场石阶上坐一坐，不赶路不拍照，放松心情与埃菲尔铁塔度过几许私密时光。既为其芳名远道而来，除了与它合影留念，更应好好看看这位没有性别的朋友。或许你会发现，眼前的铁塔似乎拥有一种静止的真实。这种真实，凝固了时间，也超越空间。或许你也会揣测，人们忙忙碌碌，来来往往，之所以易被遗忘，恐怕是缺少埃菲尔的秘诀——人们总是难以沉静，更少坚定。

巴黎圣母院　NOTRE DAME DE PARIS（线稿）

巴黎圣母院　NOTRE DAME DE PARIS（淡彩）

巴黎塞纳河　PARIS SEINE RIVER（线稿）

巴黎塞纳河　PARIS SEINE RIVER（淡彩）

卢 浮 宫 LOUVRE（线稿）

卢 浮 宫 LOUVRE（淡彩）

巴黎蓬皮杜艺术中心　CENTRE POMPIDOU IN PARIS（线稿）

巴黎蓬皮杜艺术中心　CENTRE POMPIDOU IN PARIS（淡彩）

枫丹白露宫　PALACE OF FONTAINEBLEAU

嘉德水道桥　PONT DU GARD

圣保罗艺术村　SAO PAULO ART VILLAGE

马赛旧港口　MARSEILLE OLD PORT

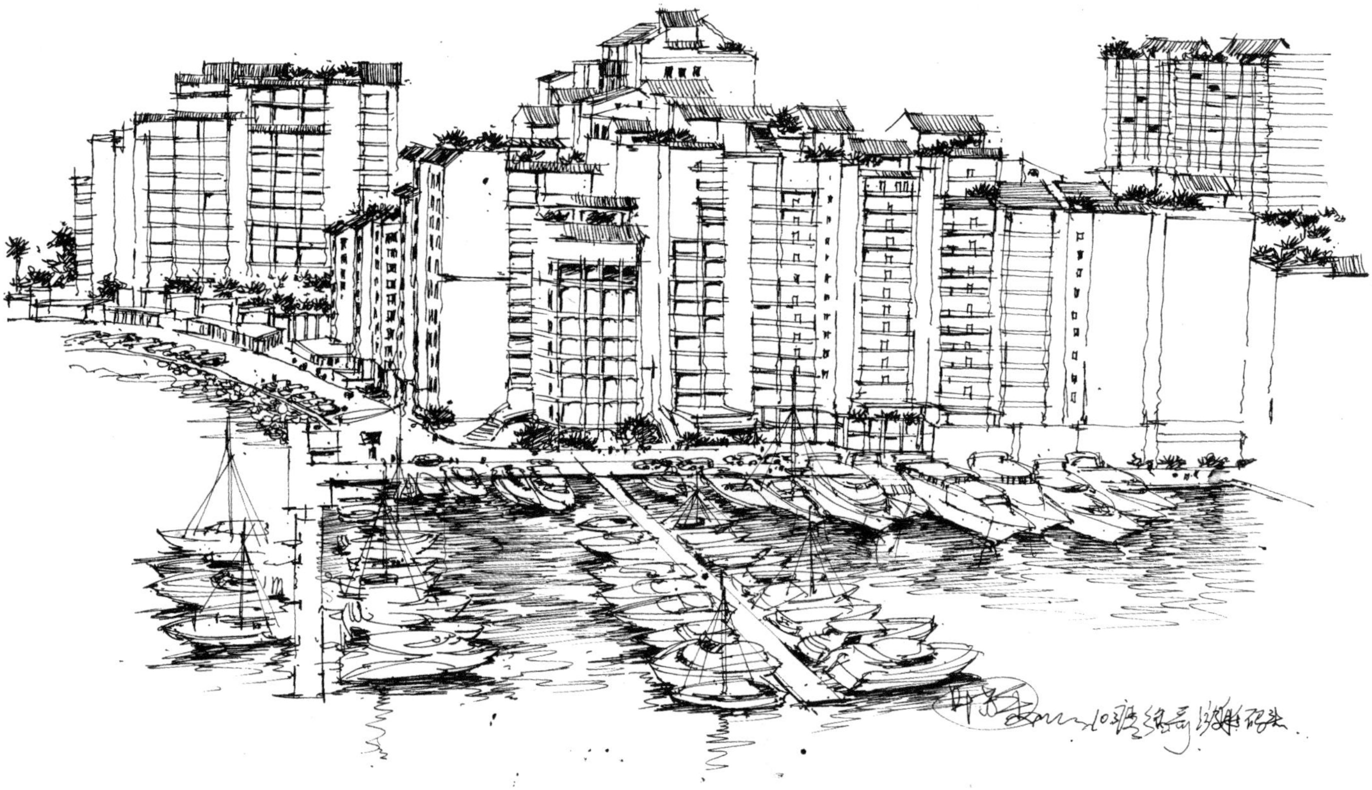

摩纳哥游艇码头　MONACO MARINA

2

CHINA'S URBAN PAINTING

国内城市写生表现

周艺川

厦门筑雅设计手绘教育研究机构创始人
任教期间指导学生获得各种设计奖项
先后获得中国环境艺术学年奖 银奖
园冶杯风景园林国际竞赛 三等奖
出版书籍《手绘攻略 室内设计与园林景观手绘表现》

TEXTURE

鼓浪屿

GU LANG YU

鼓浪屿（Kulangsu）原名『圆沙洲』，别名『圆洲仔』，明朝改称『鼓浪屿』。因岛西南方海滩上有一块两米多高、中有洞穴的礁石，每当涨潮水涌，浪击礁石，声似擂鼓，人们称『鼓浪石』，鼓浪屿因此而得名。鼓浪屿街道短小，纵横交错，是厦门最大的一个卫星岛，岛上岩石峥嵘，挺拔雄秀，因长年受海浪拍打，形成许多幽谷和峭崖，沙滩、礁石、峭壁、岩峰。更有『钢琴之岛』、『音乐之乡』等美称。

在鼓浪屿，海风婀娜多姿的跳着华尔兹，不会直入厅堂，从不莽撞，只有沿着它指引的方向，才能到海阔天空的居所。

在鼓浪屿，我贪婪地走过一条条小道，领略一幢幢藏着旧时故事的浪漫建筑。穿行于鼓浪屿小巷，周遭都是带着历史沧桑的建筑，很多时候巷子里就只有你一个人，一下子失去了时间概念，定格在某一瞬间。在行进的时候常回头，蓦然回首却发现走过的路那么迷人。

探访隐在树影深处的一栋栋老别墅，体会着特殊的宁静与安详。透过低矮的围墙和铁艺大门可以看到那带着异域风情的细美的雕饰。罗马圆柱、哥特尖顶、伊斯兰圆顶弥漫着浓郁西方气息。阳光透过遮天蔽日的绿荫将光斑驳地洒落一地……这里的一切牵动着我的目光。

就如你所说的，到了鼓浪屿你会爱上这里。

鼓浪屿李清泉别墅　GULANGYU QINGQUAN VILLA

鼓浪屿天主教堂　GULANGYU CATHOLIC CHURCH（1）

鼓浪屿天主教堂　GULANGYU CATHOLIC CHURCH（2）

原英国驻厦门领事馆官邸
FORMER RESIDENCE OF THE BRITISH CONSULATE GENERAL IN XIAMEN

鼓浪屿别墅　GULANGYU VILLA（1）

鼓浪屿菽庄花园　GULANGYU SHUZHUANG GARDEN

鼓浪屿别墅　GULANGYU VILLA（2）

鼓浪屿别墅　GULANGYU VILLA（3）

鼓浪屿别墅　GULANGYU VILLA（4）

鼓浪屿别墅　GULANGYU VILLA（5）

鼓浪屿风景　GULANGYU SCENERY (1)

鼓浪屿风景　GULANGYU SCENERY（2）

鼓浪屿小巷　GULANGYU ALLEY

鼓浪屿别墅　GULANGYU VILLA（6）

厦门大学　XIAMEN UNIVERSITY

宏村

HONG CUN

宏村，安徽黟县的一个古村落，始建于南宋绍熙年间。原名弘村，取弘广发达之意，清乾隆年间改名为宏村。村落背山面水，村人开仿生学之先河，建造了堪称『中华一绝』的古水系牛形村落。村中鳞次栉比的古民居，没有多余的色彩，就是黑与白。白的墙，黑的瓦，一幅天然的水墨画，被喻为『中国画里的乡村』。

我们到达宏村。首先映入眼帘的是村落前面的一泓碧水，水面开阔，一路一桥，直通村里。人们称作『南湖』，湖畔浓荫覆盖，湖中荷叶田田；近观岸处，倒影如画；四顾诸峰，水天一色。在『南湖』的环绕下，宏村显得宁静、端庄和秀气。穿过小桥，依次进入村中的书院、祠堂和庭院。每一处院落均是高墙深宅，门楼处，厅堂里，砖雕石雕木雕精巧美妙，尽显徽派建筑之美。高堂中，案几上，楹联字画布局摆设古朴典雅，彰显徽商人家诗书传家崇文重义的追求。在每一处厅堂、祠堂和书院，不能不对这里的文化氛围心生钦佩之情。人家案上陈列的代表性物件：右边是古瓶，左边是明镜，中间是钟表，取意『终生平静』，表明徽商人家的处世之道；据说右边的古瓶是帽筒，男主人在家的时候，帽子就放在帽筒上。若有客来访，看到帽筒上没有帽子，说明男主人外出经商去了，访问者也就不必久留。几乎每一户人家的厅堂里，都有许多楹联，『传家有道唯存厚，爱世无奇但率真。』、『快乐每从辛苦得，便宜多自吃亏来。』『敦孝悌此乐何极，嚼诗书其味无穷。』等众多联语，尽显他们的治家理念。

穿行在街巷中，到处是逼仄的小路和路旁的水圳。宏村先人把整个村落建设成『牛型形』，这水圳就是『牛肠』，环绕在整个村中，其实是他们设计的用水设施，把周围山泉引入村中，环环绕绕，让每家每户用上了最早的『自来水』。村中间有一半月形的水塘，他们谓之『月沼』，也就是所谓的『牛胃』，这里的水安详清冽，透明如镜，四周的房舍倒映在水里，复合成美妙的水墨画。

村口两棵古树，被当作宏村的『牛角』，一棵红杨树，一棵白果树。都五百高龄了，却不显老，阳光下树叶绿得发亮，蓊蓊郁郁，笑迎八方来客。

出了村子，回望宏村，俨然一幅水墨画，安静地挂在青山绿水间。

宏村村头酒店　HONGCUN VILLAGE HOTRL

宏村南湖画桥　HONGCUN SOUTH LAKE BRIDGE

宏村村头入口桥　HONGCUN VILLAGE ENTRANCE BRIDGE

宏 村 HONG CUN

屏　山　PING SHAN（1）

屏　　山　PING SHAN（2）

屏　　山　PING SHAN（3）

安徽黟县叶氏祠堂　THE YE ANCESTRAL TEMPLE IN YI XIAN，AN HUI

平和故乡

我的家乡在平和，福建南边一个小小的城市，犹如浩渺的宇宙中一个不起眼微小的星星。但是，对我而言，它是温暖的，发散着炽热的光芒。

这里人杰地灵，风景优美，还有那令人垂涎三尺的特产——蜜柚、白芽奇兰茶、麻枣……令人流连忘返的特色景点克拉克瓷研究所、天湖堂、桥上书屋、天醇茶园、九峰古镇、灵通岩、庄山土楼、吴凤史迹陈列馆等。

平和崎岭　PINGHE QI LING（1）

平和崎岭　PINGHE QI LING (2)

平和崎岭　PINGHE QI LING（3）

平和崎岭　PINGHE QI LING (4)

张家界

ZHANG JIA JIE

桃源河

TAO YUAN HE

张家界景区

张家界原名青岩山，风景区由张家界国家森林公园、索溪峪和天子山组成，它以峰称奇，以林见秀。有『三千奇峰，八百秀水』之美称。

张界家是一个无比神奇的石林世界，有石峰 3103 座，其怪石嶙峋，形态各异，气象万千。被誉为『大自然的迷宫』和不可思议的『地球博物馆』，被地质学者命名为『武陵源峰林』，行走其间仿佛置身仙境中。

张家界是一个令人向往的人间仙境，在尔飘飘欲仙的时刻，同时还可以享受绝对纯自然的沐浴。其群峰峰峦叠起，溪流蜿蜒曲折，山间云雾缭绕，如诗如画，宛若仙境。被誉为『扩大的盆景，缩小的仙境』，真正的『世外桃源』。

张家界因『中国山水画的原本』被列入《世界自然遗产名录》，其独特的美学价值为人们打开了通往大自然神秘之门，奇绝超群，蔚为壮观的景致为世界罕见，令人们不得不赞叹大自然的鬼斧神工。

贵州桃源河景区

素有『人间仙境』、『黔中福地』之称的贵阳修文桃源河峡谷生态旅游区，位于贵阳市修文县六屯乡境内，地处桃源河谷，南部与贵阳市乌当区相邻，东部与开阳县接壤。是黔中自然风光、人文景点荟萃地，也是中国首创魔幻漂流地。国家 AAAA 级旅游景区贵阳桃源河旅游景区。

蜿蜒连绵的峡谷内，奇峰、峭壁、飞泉令人叫绝，峡谷环境优美、植被繁茂、空气清新、鸟语花香，河水清澈迷人。令人心旷神怡、流连忘返，桃源河是您闲暇之余，结伴携友，远离城市喧嚣、感受自然生态的天然净土！

张 家 界 ZHANG JIA JIE

桃源河景区　TAO YUAN HE（1）

桃源河景区　TAO YUAN HE（2）

桃源河景区　TAO YUAN HE（3）

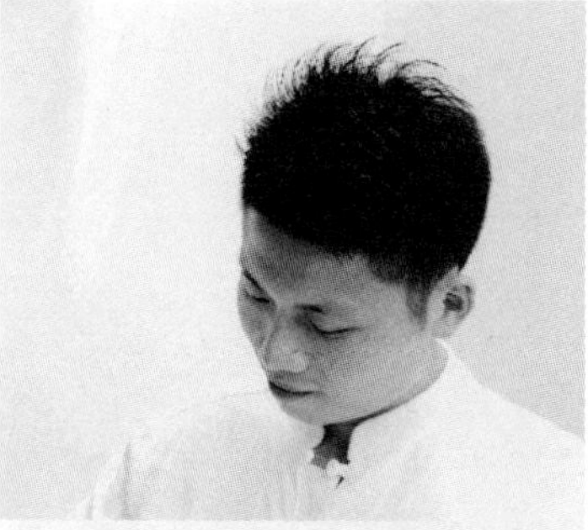

易成海

厦门理工学院石材研究所　设计师

厦门无石文化创意有限公司空间、产品设计师

设计石材量产产品达三十多项

获国家授权实用新型专利三项

获国内外包括红星奖、红棉奖在内的设计奖十余项

2014 年被评为中国优秀青年设计师

速写的记忆

SU XIE DE JI YI

曾几何时，怀揣着对梦想的无限憧憬，选择这条看似漫长的旅途，一路的辛酸成长，带来的是点点零碎的记忆！在此，聆听……

或许是个一直沉寂在自己世界的人，对外界充满好奇的同时，似乎带有讽刺的一无所知。一直试图通过自己的想法改变，但永远处于模糊概念，无处找寻这黑暗里的一丝曙光！生活现实的荒谬，只能通过时间的沉淀掩饰，在未来的某天，还会因为某种莫名其妙的点点回忆，勾起对现实无尽的遐想！

时光永远是那么的巧合与刻意，总幻想着未来，似乎有过的愿望，在时光的隧道里穿梭。怀揣这不是梦想的梦想，来到美丽的海滨城市厦门！说是巧合，抑或是命中注定，一切是那么自然而然的，一步步在这个美丽的而又充满着梦幻的城市里蔓延内心的小思绪。为的是找到些许曾被遗忘的存在感。人总是带着一点点的自恋和不安分情节，总想在存在的同时做点本该做的事，尽管这都不是什么事，因为已经是生活的一部分，他无时无刻在调整着这时而乏味的时间。

爱上速写，或许不是一种偶然的冲动，因为它的不偶然，给予了我坚持下去的理由，时刻在无意识间记下感动！记得初识学画，是在儿时的课本里，看见那种简笔与生动的形象表现，总能沉寂其中让人着迷。有时抑制不了那时的冲动，总想做点什么，或超越它或毁掉它，书或许是面目全非，而自己也屡屡遭受处分。购书也是件很困难的事，因为在偏远农村的缘故，很多信息都不是很发达，别说一本专业绘画书籍，连书店都少之又少，几乎找不到，而且那时生活很是拮据，为了一只画笔，或许要积累很长时间的零花钱，才能如愿，因此格外珍惜，也格外的用心。就这样一步步坚持，因为有了爱好，所以一切也就有了精彩。

速写，是临时的记忆，而正是这种临时的记忆，带给我们的，往往也是最深刻的回忆，因为那时的自己，或许忘却了一切，沉寂在属于自己的思绪中，以一种从未有过的激情来诠释身临其境的未知感动，纸笔之间亦是如此。或许没有过多的天赋，而对绘画又有着十分的兴趣，常常一个人游走。因为是土生土长的村里人，对原始的那种田园生活有着深厚的情感，播种、秋收四季交替，留下的都是大自然的记忆，这种记忆却随着时间的更替，述说着种种故事与生活哲理。走在田间地头、山间树林，总有说不尽的惊喜与刺激，妄想着自己的一切交予自然，从此两忘。看着这一切的感动，记录已不需要在镜头之间，只需动一动纸笔，感受此时留在身边的宁静。

福建土楼

FUJIAN TU LOU

接触土楼，是在刚刚进入厦门的火车上，早已有听闻土楼的名气，如今的第一站即是土楼。因为土楼那神秘的诱惑加之那时的无知与冲动，总抑制不了出去走走的滑稽想法。故而在闲暇之余，寻一寻历史的轨迹，走一走异地的乡间小路的想法，已充满大脑的每个细胞。冲动之下，便简装而去。现在回想起来，亦是美好回忆，翻阅那时的点点记忆，停留在纸笔之间的，亦是永恒的记忆。

因为客家人那种团结与智慧的结晶，给予我们无尽的精神文化遗产，在福建这个大环境下，提及客家土楼，最为有名的要数永定土楼了，这朵民居建筑中的奇葩在一次无意间的发现中，被公众于世，打破了那曾经如世外桃源般的恬静生活。如今已广为人知，大放异彩。土楼是利用未经焙烧的按一定比例的沙质黏土和黏质沙土拌合而成的泥土，以夹墙板夯筑而成墙体（少数以土坯砖砌墙）、柱梁等构架全部采用木料的楼屋。因为它的特殊建造结构，吸引了大批学者研究探索。而自己只是个过路人，只感受这历史遗韵也罢。

一路走来，属『承启楼』最为壮观，从建筑结构、历史文化以及形态大小，都给人以震撼的感觉。俗语有曰：『高四层，楼四圈，上上下下四百间；圆中圆，圈套圈，历经沧桑三百年』。

田螺坑土楼群一直被形象地戏称为『四菜一汤』，她位于南靖县书洋乡田螺坑，由一方、四圆五座土楼组合而成，如餐桌上一盘盘可口的美食，高低错落的形态，方圆交错。令人不能不感叹民间建筑语言的生动！

漫步在土楼之中，一切变得渺小不堪，巨大的墙体厚实朴素，却孕育着世世代代的纯朴客家人，热情好客。边走边画，总也表达不出此时流露出的那种敬畏之情，一笔一笔，勾勒的只是这时激动的记忆。依山而建，却容于山，简单的线条勾勒，流露出的即是此时的山水意境。

福建土楼民居　FUJIAN TULOU RESIDENTIAL BUILDING（1）

福建土楼民居　FUJIAN TULOU RESIDENTIAL BUILDING（2）

福建土楼民居　FUJIAN TULOU RESIDENTIAL BUILDING（3）

福建土楼民居　FUJIAN TULOU RESIDENTIAL BUILDING（4）

福建土楼民居　FUJIAN TULOU RESIDENTIAL BUILDING（5）

福建土楼民居　FUJIAN TULOU RESIDENTIAL BUILDING (6)

福建土楼民居　FUJIAN TULOU RESIDENTIAL BUILDING（7）

福建土楼民居　FUJIAN TULOU RESIDENTIAL BUILDING (8)

福建土楼民居　FUJIAN TULOU RESIDENTIAL BUILDING（9）

福建土楼民居　FUJIAN TULOU RESIDENTIAL BUILDING (10)

福建土楼民居　FUJIAN TULOU RESIDENTIAL BUILDING（11）

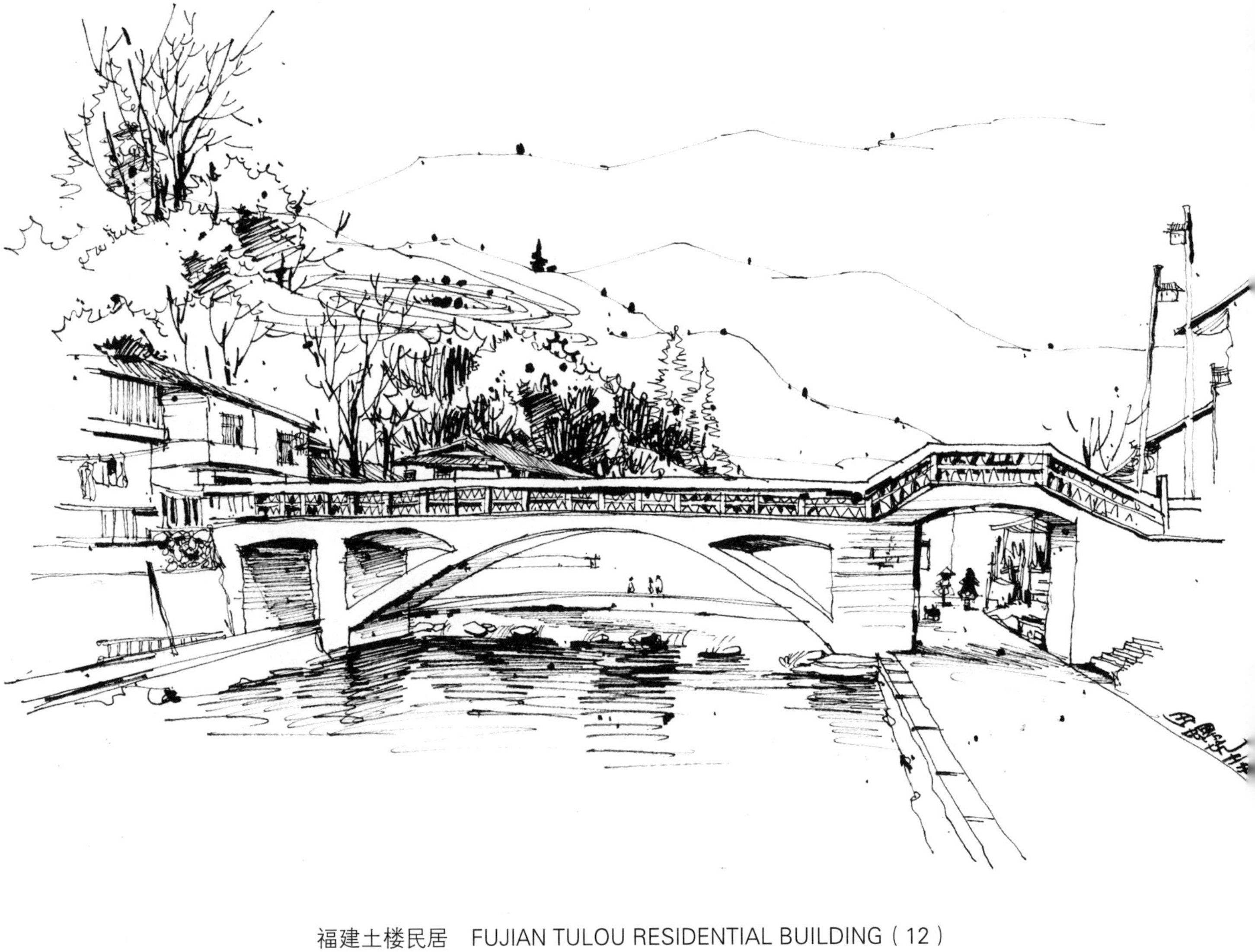

福建土楼民居　FUJIAN TULOU RESIDENTIAL BUILDING (12)

福建土楼民居　FUJIAN TULOU RESIDENTIAL BUILDING（13）

福建土楼民居　FUJIAN TULOU RESIDENTIAL BUILDING（14）

福建土楼民居　FUJIAN TULOU RESIDENTIAL BUILDING（15）

福建土楼民居　FUJIAN TULOU RESIDENTIAL BUILDING（16）

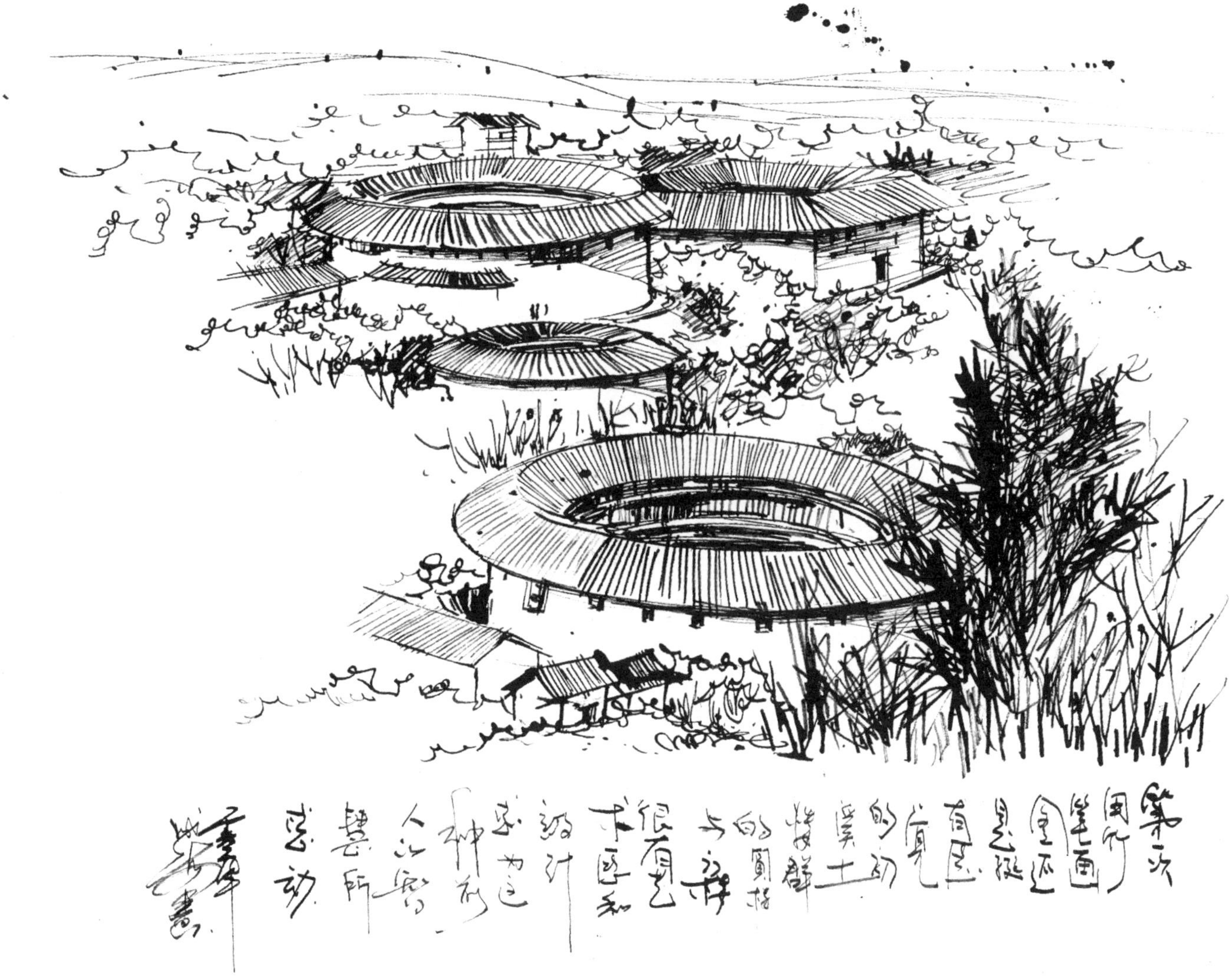

福建土楼民居　FUJIAN TULOU RESIDENTIAL BUILDING (17)

福建土楼民居　FUJIAN TULOU RESIDENTIAL BUILDING (18)

福建土楼民居　FUJIAN TULOU RESIDENTIAL BUILDING (19)

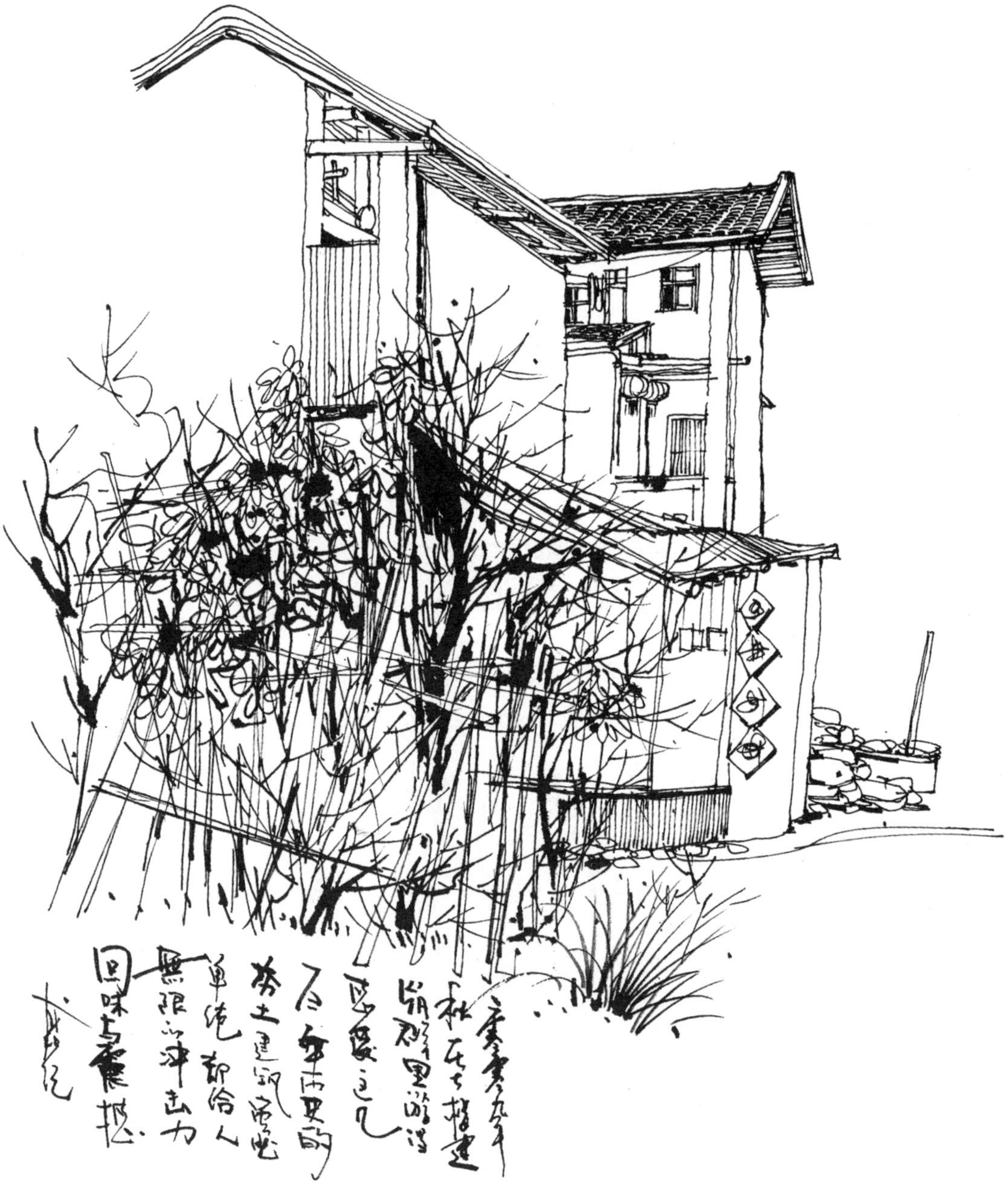

福建土楼民居　FUJIAN TULOU RESIDENTIAL BUILDING（20）

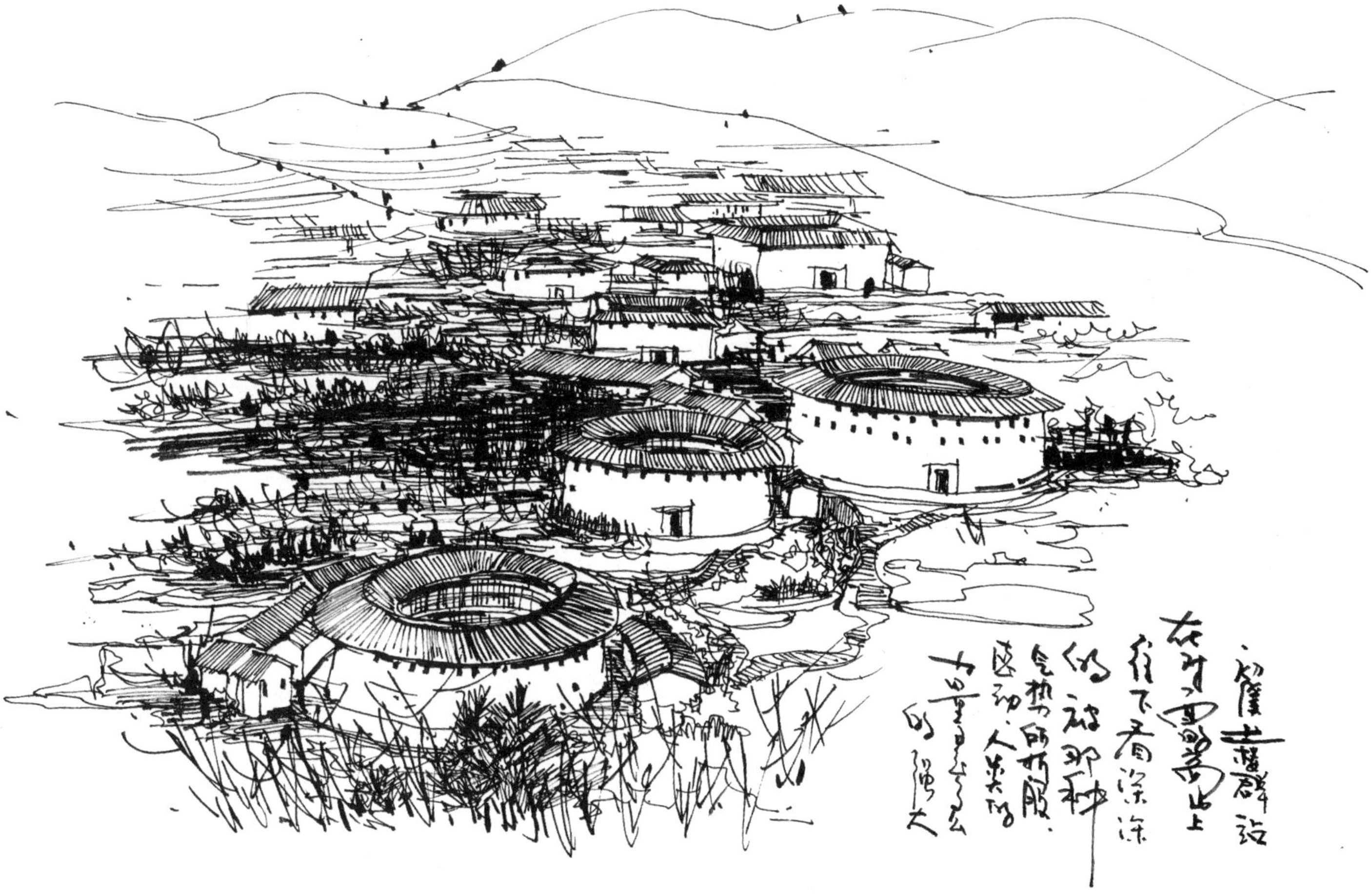

福建土楼民居　FUJIAN TULOU RESIDENTIAL BUILDING（21）

福建土楼民居　FUJIAN TULOU RESIDENTIAL BUILDING（22）

福建土楼民居　FUJIAN TULOU RESIDENTIAL BUILDING (23)

福建土楼民居　FUJIAN TULOU RESIDENTIAL BUILDING（24）

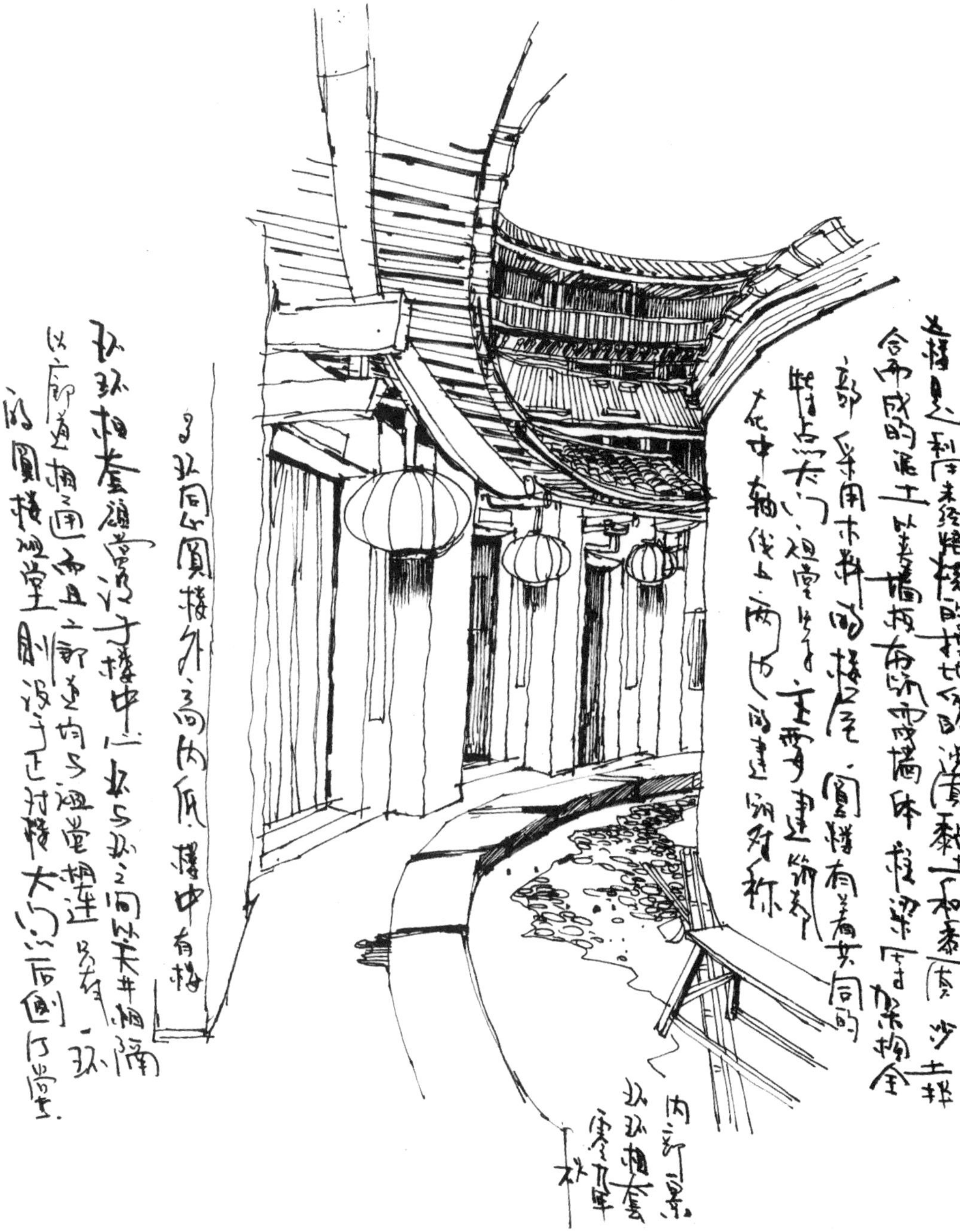

福建土楼民居　FUJIAN TULOU RESIDENTIAL BUILDING（25）

福建土楼民居　FUJIAN TULOU RESIDENTIAL BUILDING（26）

福建土楼民居　FUJIAN TULOU RESIDENTIAL BUILDING（27）

福建土楼民居　FUJIAN TULOU RESIDENTIAL BUILDING (28)

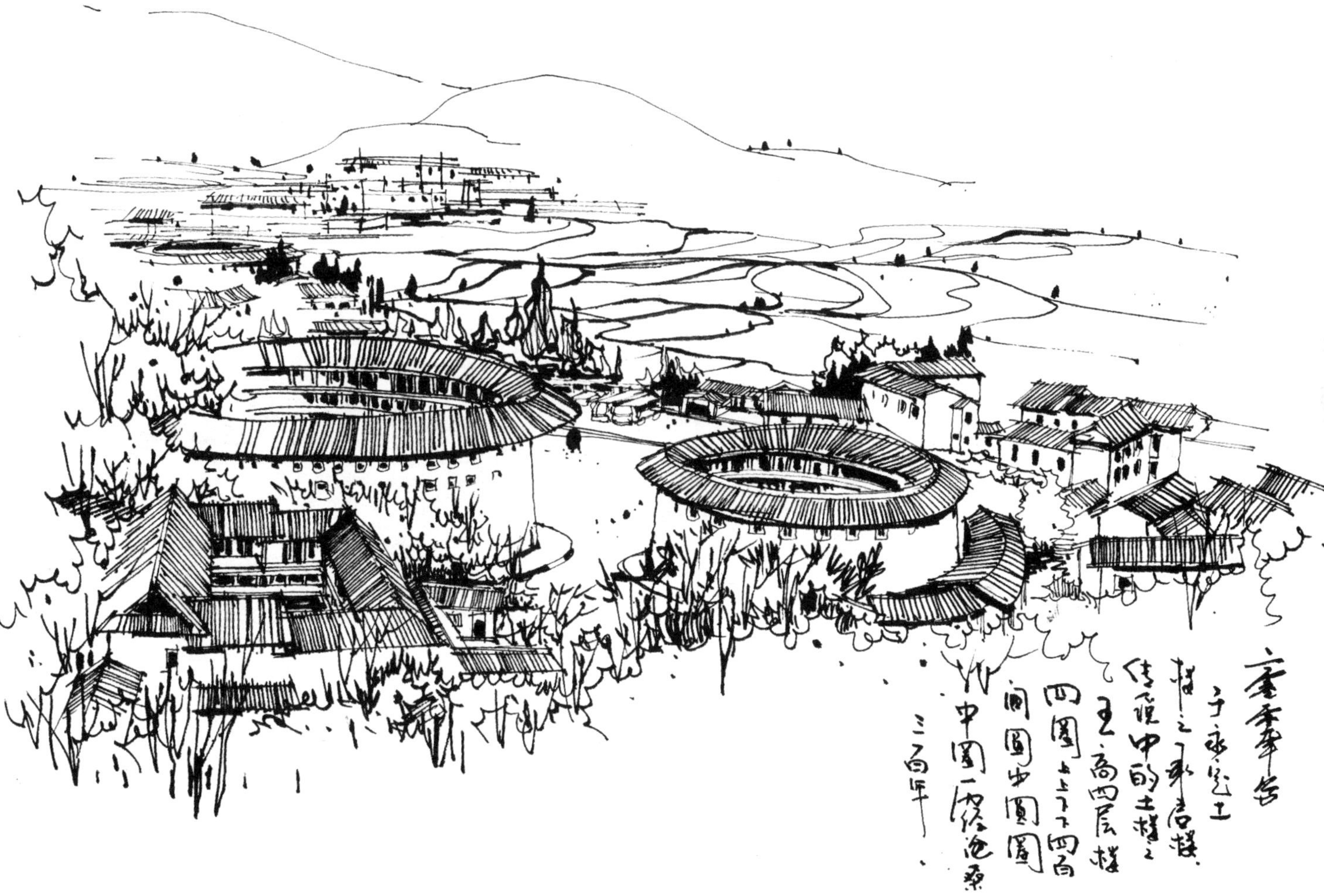

福建土楼民居　FUJIAN TULOU RESIDENTIAL BUILDING（29）

福建土楼民居　FUJIAN TULOU RESIDENTIAL BUILDING (30)

福建土楼民居　FUJIAN TULOU RESIDENTIAL BUILDING (31)

福建土楼民居　FUJIAN TULOU RESIDENTIAL BUILDING（32）

福建土楼民居　FUJIAN TULOU RESIDENTIAL BUILDING（33）

福建土楼民居　FUJIAN TULOU RESIDENTIAL BUILDING（34）

福建土楼民居　FUJIAN TULOU RESIDENTIAL BUILDING (35)

福建土楼民居　FUJIAN TULOU RESIDENTIAL BUILDING (36)

福建土楼民居　FUJIAN TULOU RESIDENTIAL BUILDING（37）

福建土楼民居　FUJIAN TULOU RESIDENTIAL BUILDING (38)

福建土楼民居　FUJIAN TULOU RESIDENTIAL BUILDING（39）

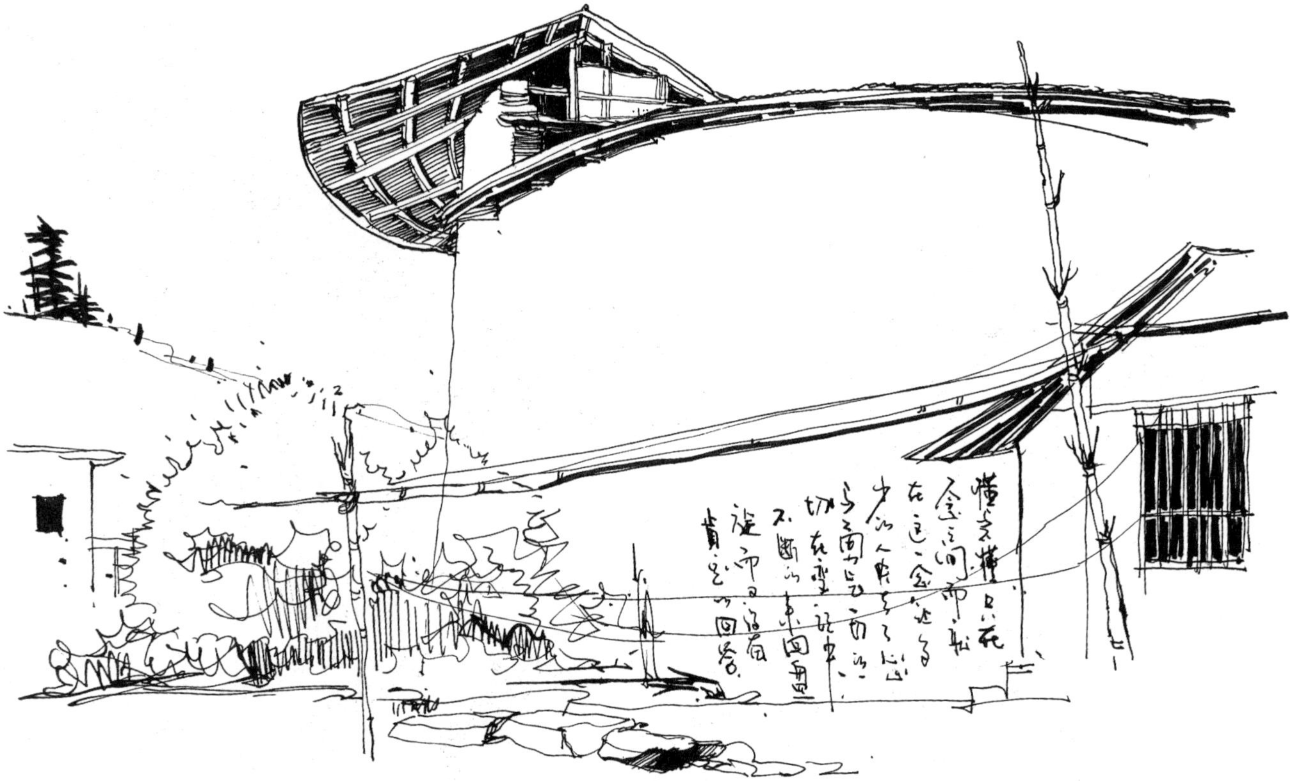

福建土楼民居　FUJIAN TULOU RESIDENTIAL BUILDING（40）

福建土楼民居　FUJIAN TULOU RESIDENTIAL BUILDING（41）

福建土楼民居　FUJIAN TULOU RESIDENTIAL BUILDING (42)

福建土楼民居　FUJIAN TULOU RESIDENTIAL BUILDING（43）

福建土楼民居　FUJIAN TULOU RESIDENTIAL BUILDING（44）

FUZHOU SAN FANG QI XIANG

福州三坊七巷

PEITIAN ANCIENT DWELLINGS

培田古民居

YUNNAN

云南

三坊七巷

地处福州市中心，是南后街两旁从北到南依次排列的十条坊巷的概称。『三坊』是：衣锦坊、文儒坊、光禄坊；『七巷』是：杨桥巷、郎官巷、安民巷、黄巷、塔巷、宫巷、吉庇巷。占地40公顷，现有古民居268幢。三坊七巷形成于唐王审知罗城，罗城南面以安泰河为界，政治中心与贵族居城北，平民居住区及商业区居城南，同时强调中轴对称，城南中轴两边，分段围墙，这些居民成为坊、巷之始，也就是形成了今日的三坊七巷。在这个街区内，坊巷纵横，石板铺地；白墙瓦屋，曲线山墙，布局严谨，匠艺奇巧；不少还缀以亭、台、楼、阁、花草、假山，融人文、自然景观于一体。许多民居的门窗漏花采用镂空精雕，榫接而成，以及丰富的图案雕饰，精巧的石刻柱础、台阶、门框、花座、柱杆随处可见，集中体现了福州古城的民居技艺和特色，被建筑界誉为规模庞大的『明清古建筑博物馆』。

培田古民居

位于福建省连城县西部，距县城40公里，面积13.412平方公里。这个客家小山村拥有30余幢高堂华屋、21座古祠、6个书院、一道跨街牌坊和一条千米古街，因其保存完好的明清古建筑群而闻名。培田的建筑风格迥异于永定土楼，相较于永定土楼的封闭和坚固，培田民居则显得开放和优雅。其精致的建筑，精湛的工艺，浓郁的客家人文气息，是客家建筑文化的经典之作，人称『福建民居第一村』、『中国南方庄园』，有『民间故宫』之美誉。

云南丽江

历史文化遗存众多。较著名的有丽江五大寺即文峰寺、福国寺、普济寺、玉峰寺、指云寺及北岳庙、白沙古建筑群、三圣宫、龙泉寺……从中可见中原文化和地方民族文化的结合以及藏族文化的特征影响。丽江同时荣获国家级丽江玉龙雪山风景名胜区桂冠。景区内含有建于南宋的丽江古城及众多的古建寺观；有海拔5596米雄秀的玉龙雪山；有世界著名的最深最险的虎跳峡；有号称『万里长江第一湾』的石鼓；高山植被、丹霞地貌奇观为主的老君山、黎明等一带大面积的地质景观……此外，丽江还有以纳西族为主体，白、傈僳等十余种少数民族，奇异多彩的民族风情和文化。丽江，还是全国生态环境保护最好的地区之一，有『东方瑞士』之誉称。

福州三坊七巷　FUZHOU SAN FANG QI XIANG

培田古民居　PETIAN ANCIENT DWELLINGS（1）

培田古民居　PETIAN ANCIENT DWELLINGS（2）

培田古民居　PETIAN ANCIENT DWELLINGS (3)

云　　南　YUNNAN（1）

云　南　YUNNAN（2）

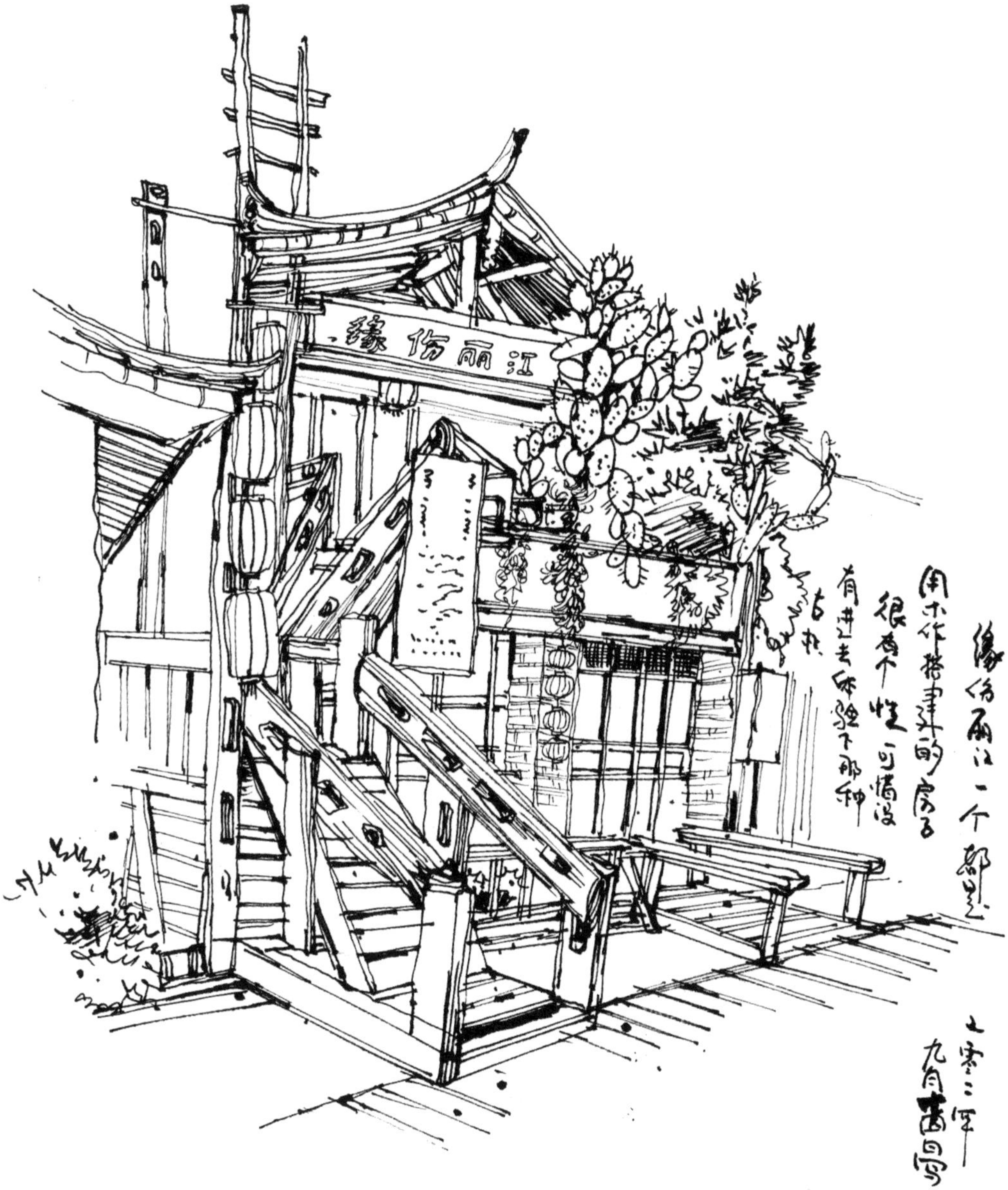

云　　南　YUNNAN（3）

云　　南　YUNNAN (4)

云　南　YUNNAN（5）

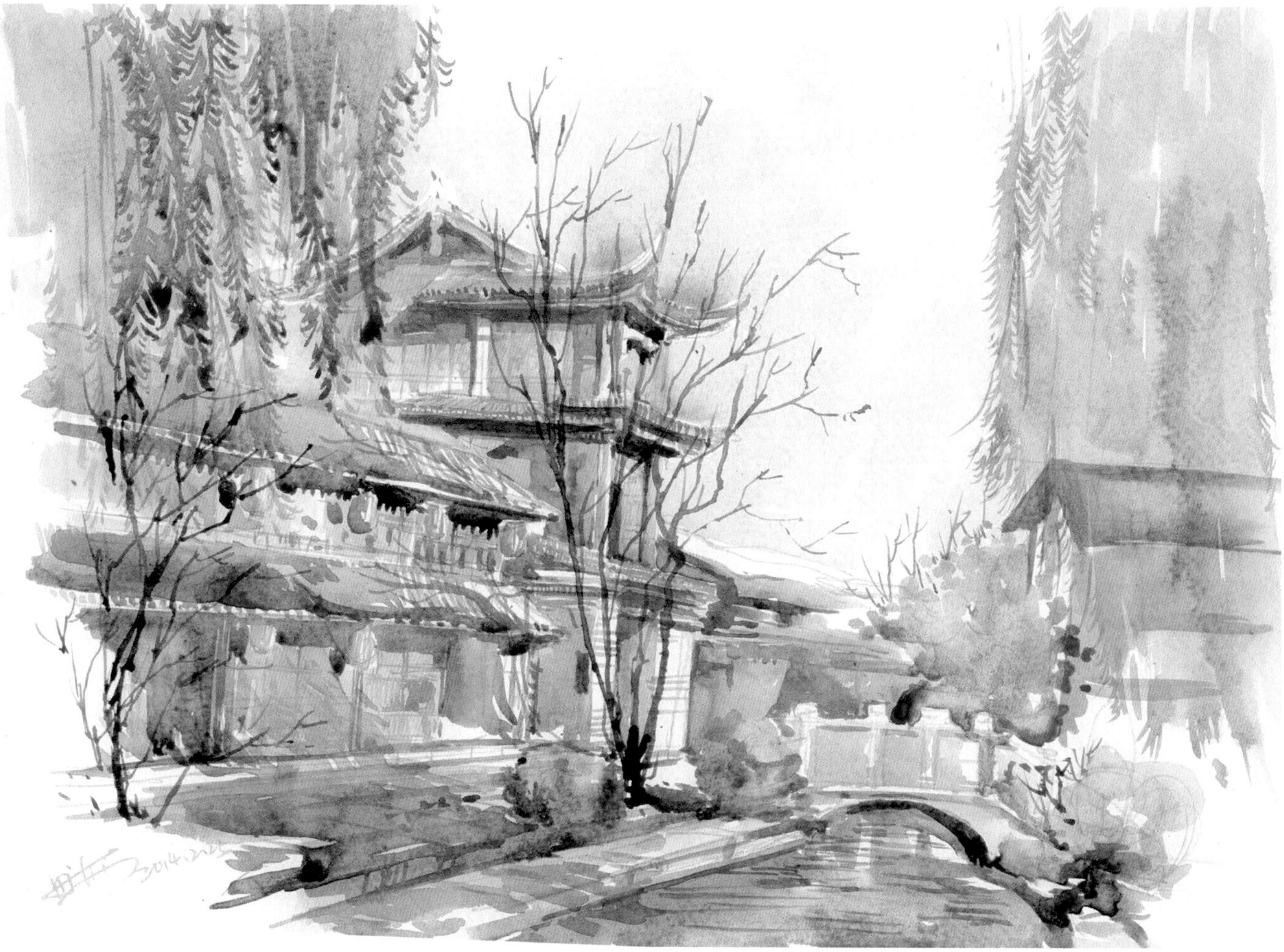

云　　南　YUNNAN（6）

云　南 YUNNAN（7）

其他
QI TA

该部分主要图纸是作者在平时生活中随意写生的作品，由于不能成系统就放置于该部分，虽没有形成系统但每张图纸都是对景观建筑写生的大胆突破和尝试，有的图纸尝试尺规辅助去表现，有的图纸是辅助于黑色马克笔和灰色马克笔以及采用高光笔等工具，改变了以往手绘钢笔写生的保守方式。在景观建筑写生中，我们应大胆的去突破，或许结果不一定有预想的好，但毕竟已经去尝试了，那就够了。该部分内容主要有厦门工学院校园写生、苏州园林局部表现，滨水建筑表现等。

滨水建筑　WATERFRONT BUILDINGS

厦门工学院　XIAMEN GONG XUE YUAN

范斯沃思之家　FARNSWORTH HOUSE

滨水建筑　WATERFRONT BUILDINGS